李必烈　韩国能源科学家。他认为，解决能源问题是拯救地球环境的关键。李必烈毕业于韩国首尔大学和德国柏林工业大学，并获得科学博士学位。代表作有《寻找能源的答案》《再次走向太阳时代》《石油时代何时结束》等。

李敬锡　韩国漫画家、插画师。代表作有《田园交响曲1》《洋洋真倒霉》等，并为《哎哟，清唱真好听》《深夜的候鸟通信》《我喜欢黄衣服》《兄弟走了》《审判长小浣熊》《来赚钱吧！》等多部作品绘制插画。

（韩）李必烈 著
（韩）李敬锡 绘
崔 瑛 译

辽宁科学技术出版社
·沈阳·

哪里有能量?

哇！是大海呀！我最喜欢夏天啦！
太阳好像在燃烧。
那边吱哟哟转着的东西是什么呀？
是风车。它们是借助风力来发电的装置。这里的一切都靠能量运转着。

来认识一下能量吧！

哈哈，他说木头燃烧可以产生热能，照这么说的话，太阳燃烧的时候也产生热能咯？

太好笑了！

哎哟！

没错！

能量合体！

咔——咔——咔——
嗨！

哈！

木头和太阳都会产生热能。但是产生的原理不同。木头是靠燃烧产生热能的，而太阳是通过核聚变产生热能的。
氢
氢
氦
太阳里有许多氢原子核。在高温高压下，氢原子核互相吸引并聚合到一起，生成氦原子核，这个过程叫作“核聚变”。

哎呀，太难了！完全听不懂。
我也是。
好厉害！

虽然我不太懂能量，但是我知道用火烤的香肠很好吃。

夏夜的海边聚集了熙熙攘攘的人群。
电灯照得海边灯火通明。
大家在炽热的炭火边欢乐地吃着烧烤。

伴随着吉他的节奏，人们边唱边拍着手。

拍着拍着，手心都开始发热了。

开灯和烧火时，会产生光能和热能。

甚至连拍手的时候，也会产生热量。这些都是能量。

阳光也是非常重要的能量来源。

太阳的温度那么高也是因为太阳内部有能量的缘故。

太阳产生的巨大能量维持着地球上万物的生存和运转。

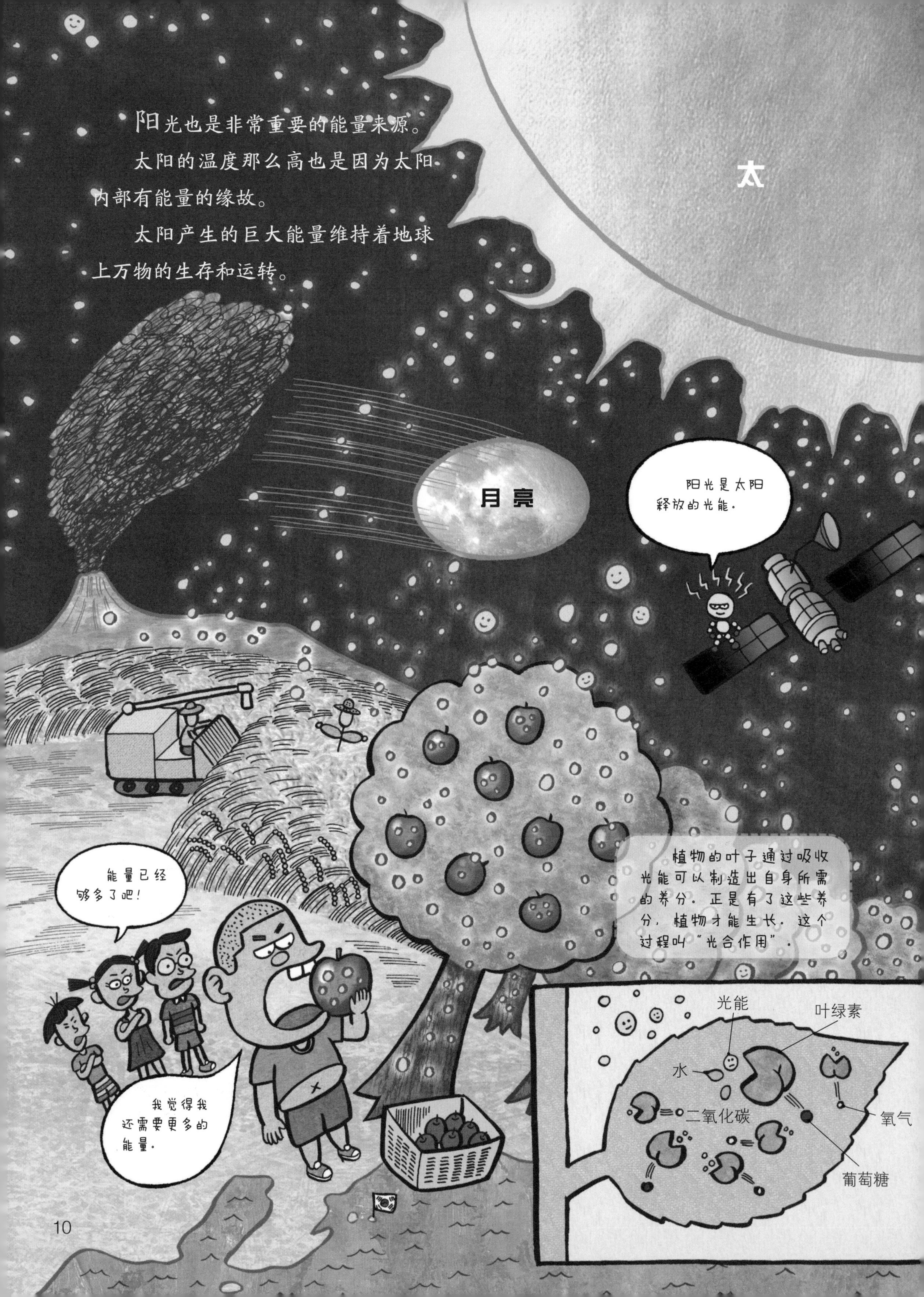

阳
月亮
如果没有太阳的能量，地球会变成什么样子呢？
世界会陷入一片无尽的黑暗之中，动植物也会逐渐灭亡。
万物运转都需要能量。
人类也是如此，没有阳光的话，就无法继续生存下去。

在太阳的照射下，花草树木都生机勃勃。

食草动物会通过吃掉植物来获取能量。而食肉动物会通过吃掉其他动物来获取能量。人类也是以食谱上的各种动植物为食，通过食物获取能量。

可以说，我们都是靠太阳的能量来维持生命的。

我们鹰也离不开太阳的能量。
大脑运转也需要能量。
正是因为有了能量，肌肉才能活动。
肚子饿时，因为能量不足，我们常常会感到没有力气。
人体的体温能够维持在36.5℃左右也是能量的功劳。
食物营养素
氧气
细胞
美味炸鸡
人体利用呼吸获取氧气，帮助食物消化和吸收，从而获取食物中的能量。

风能也是由太阳能转化而来的。

在阳光的照射下，空气的温度开始逐渐上升。

暖空气上升后，附近的冷空气就会移动过来，填补“空缺”。

空气这种移动的过程就形成了“风”。

好奇呀能量
水也是借助太阳的能量来运动的。
水在阳光的照射下温度变高，形成水蒸气。
河流和大海的水不断变成水蒸气升到空中。
水蒸气在空中汇聚成水滴，这些水滴又聚集成云朵。
啊！救命啊！我要被龙卷风吹走啦！
水蒸气越聚越多形成云朵，再变成雪或者雨降到地面上。

以前的人们没有冰箱可以储存食物，冬天的时候，人们会挖地窖，在地下存放蔬菜。无论外面的天气多么寒冷，地窖里也不会结冰。

间歇泉是间歇喷发的温泉。

继续往地下走，我们会感觉越来越热。地底深处蕴含着自地球诞生时就有的能量。

地表下的岩石在极高的温度下会熔化并在火山喷发时喷出，喷出的物质叫作"熔岩"。

火山喷发

熔岩

岩浆

月亮

外核

外核在地幔和内核之间，是液态的。

温泉水在地热的作用下变热。

能量

地幔在地壳和外核之间，是由非常坚硬的物质组成的。

地幔

地壳

月亮也有能量吗？

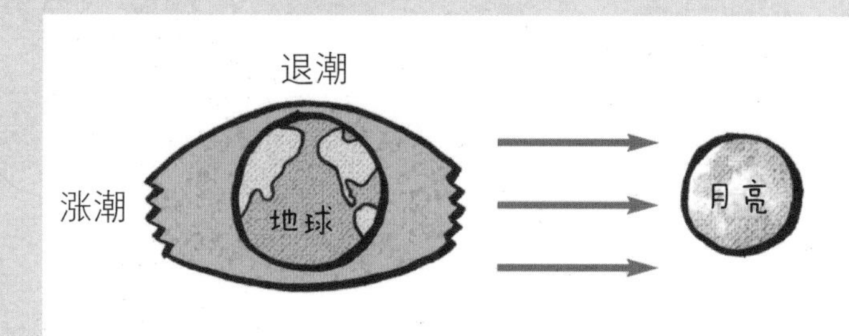

月亮也像地球一样拥有能量，但月亮的能量不如地球大。潮汐现象就是月亮能量的体现。

利用火的能量

“着火啦！”

古时候，人们对火十分敬畏。火山喷发令附近的人们瑟瑟发抖。

慢慢地，随着人们对火的认识不断深入，火所散发出的光能和热能开始被人们开发利用。

利用水和风的能量

"啊，真快呀！"

人们乘着船在河上航行。

一阵风吹来，船前进得更快了。

除了风能以外，人们也逐渐认识到了水能。

发现了电能

天空中的闪电总是伴着轰隆的雷声。

天上的风筝正好被闪电击中了。

电流顺着风筝线传到了地面。

人们觉得很神奇，开始研究如何利用电能。

咔嚓！
惊讶咯能量
电在云和大地之间流动，瞬间可以产生极强的光，这就是“闪电”。
云中的冰晶在摩擦的过程中会产生电荷。
哞，救命啊！
哎呀！
天哪，躲到哪里好呢？
石头在摩擦的时候，产生了火花。
原始人
避雷针可以有效避免雷击的威胁。
富兰克林
我最先发明了电池。
伏特
我设计了用磁铁产生电流的装置，发电机和变压器都是我的发明。
法拉第
我是发明电灯的爱迪生。
爱迪生

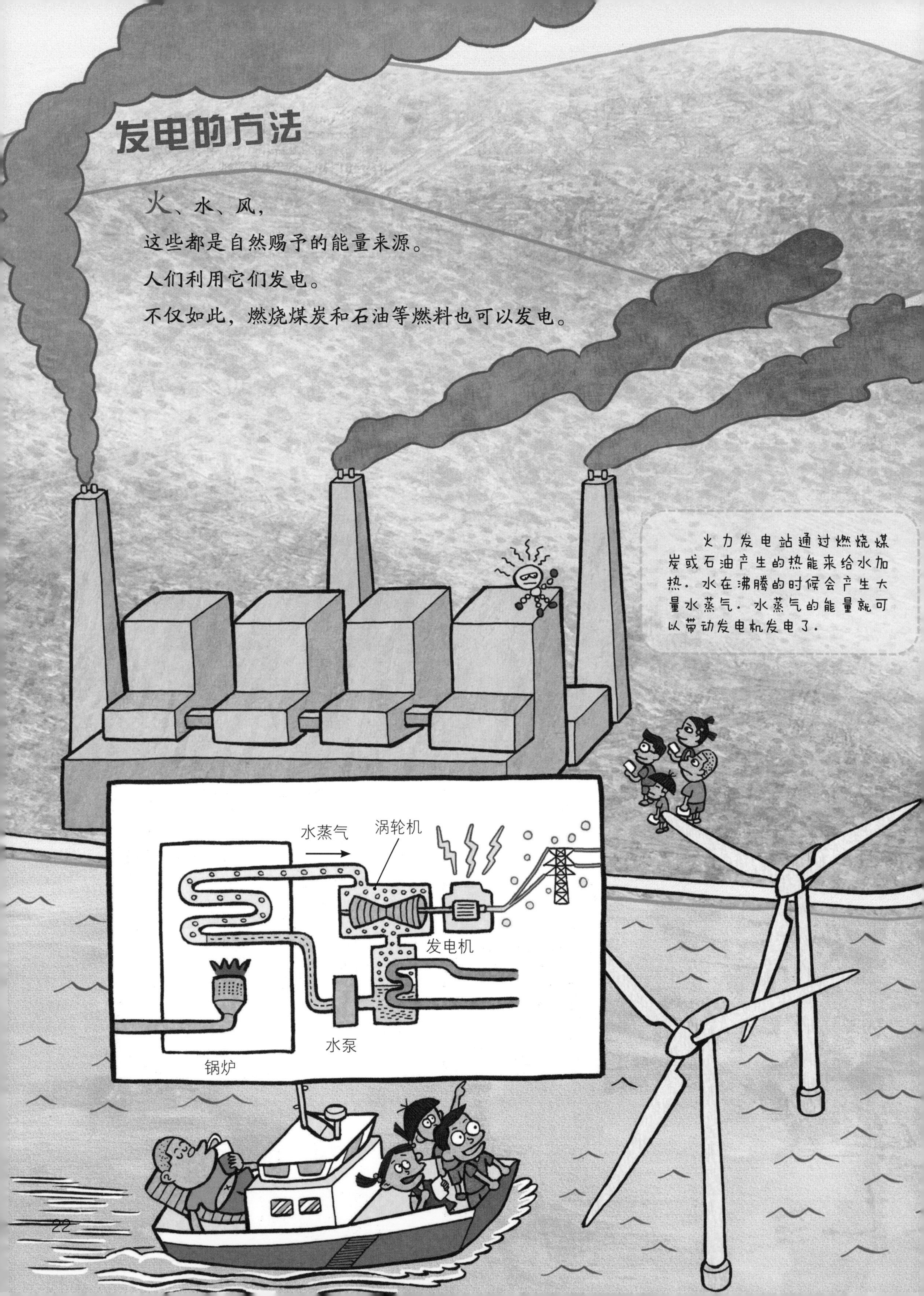
发电的方法
火、水、风，
这些都是自然赐予的能量来源。
人们利用它们发电。
不仅如此，燃烧煤炭和石油等燃料也可以发电。
火力发电站通过燃烧煤炭或石油产生的热能来给水加热。水在沸腾的时候会产生大量水蒸气。水蒸气的能量就可以带动发电机发电了。
水蒸气
涡轮机
发电机
水泵
锅炉

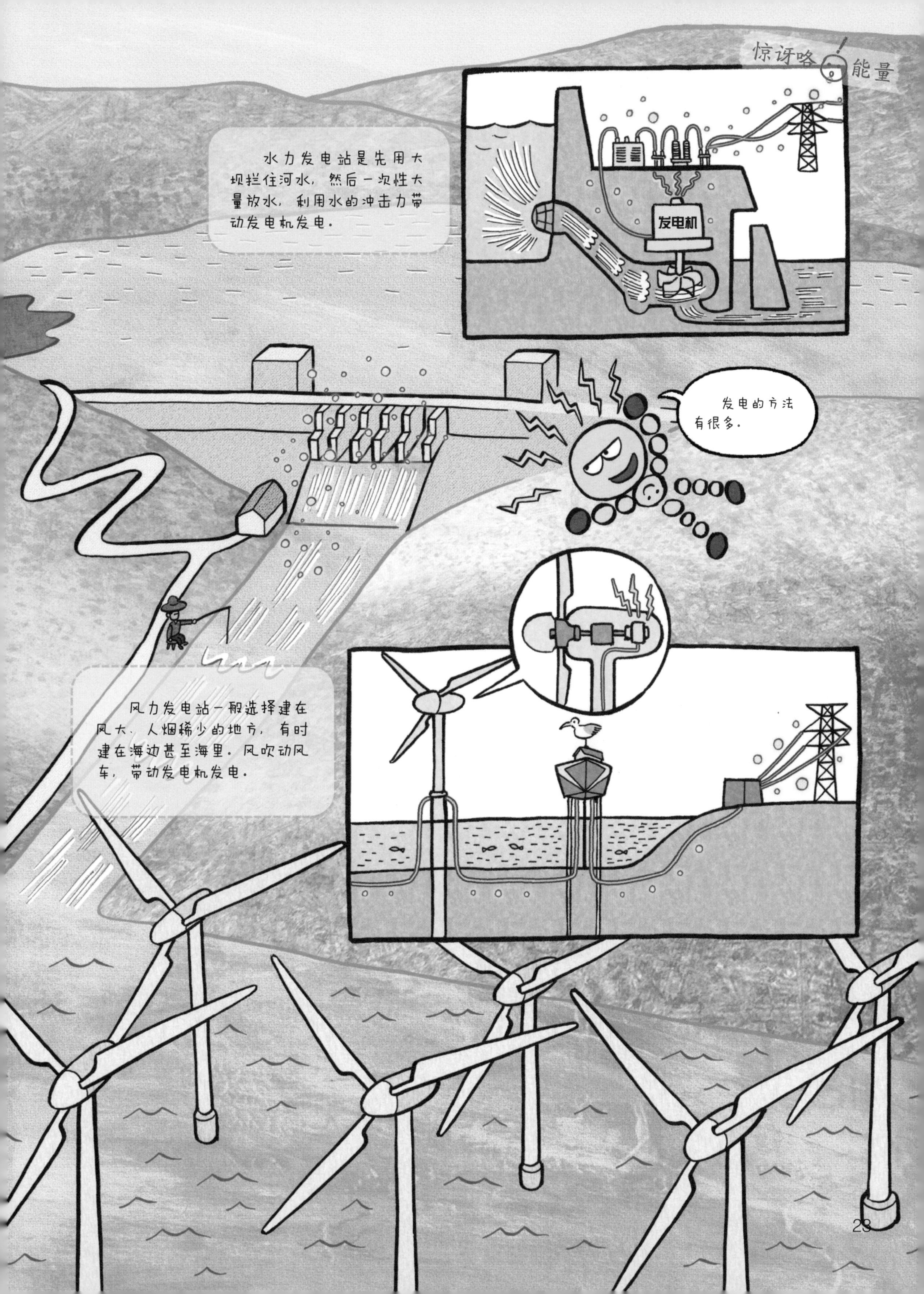
水力发电站是先用大坝拦住河水，然后一次性大量放水，利用水的冲击力带动发电机发电。
发电机
发电的方法有很多。
风力发电站一般选择建在风大、人烟稀少的地方，有时建在海边甚至海里。风吹动风车，带动发电机发电。

制造更多、更强的能量

砰！原子弹的爆炸使人们大吃一惊。

爆炸是利用铀原子裂变时释放的巨大能量引发的。

核电站就是用这个能量来发电的。

原子弹是利用铀原子裂变时释放的能量制成的武器。一旦原子弹爆炸，城市会在一瞬间被毁灭。

惊讶咯能量
太阳一直在天空中发光、发热。
太阳的能量能够转化为电能吗？
现在，人们已经通过各种方法，把太阳能转化为电能来使用。
宇宙空间中的阳光比地球上更强烈。所以，宇宙空间站、人造卫星等，都是把太阳能转换成电能来使用的。
宇宙空间站的集热器像翅膀一样张开。
在地球上日照较好的地区也会安装集热器来收集太阳能。
人造卫星上也有太阳能集热器。
多亏了人造卫星，我们随时随地都可以上网。
生活方便了许多。咩——
在不通电的大草原，人们通过集热器制造电能来上网或者听广播。

电能使世界更美好

地铁在城市的地下穿梭。

有了电灯，夜晚也能像白天一样明亮。

有了电，工厂才能源源不断地生产各种产品。

我们的世界因为有了电能而更加生机勃勃。

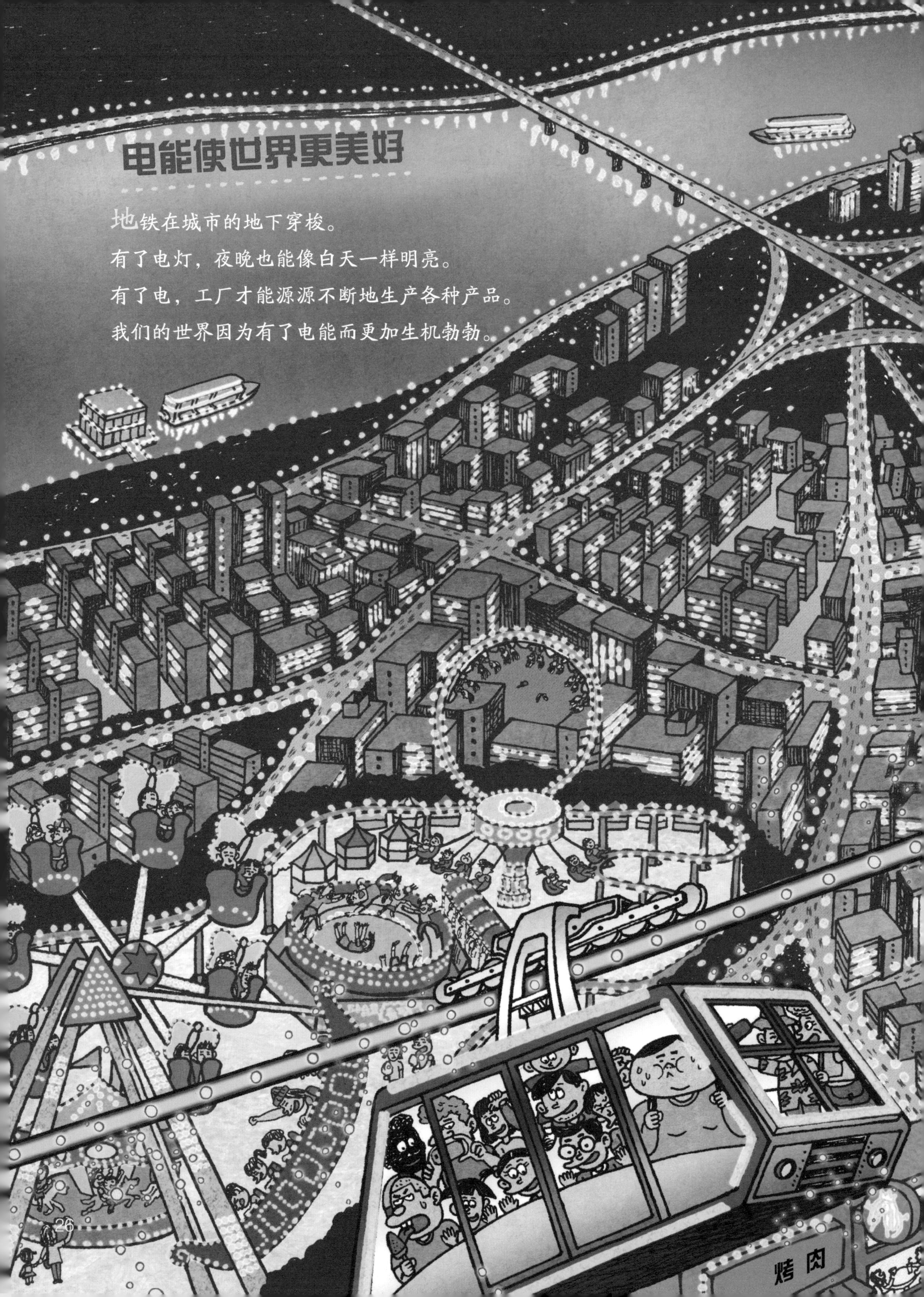

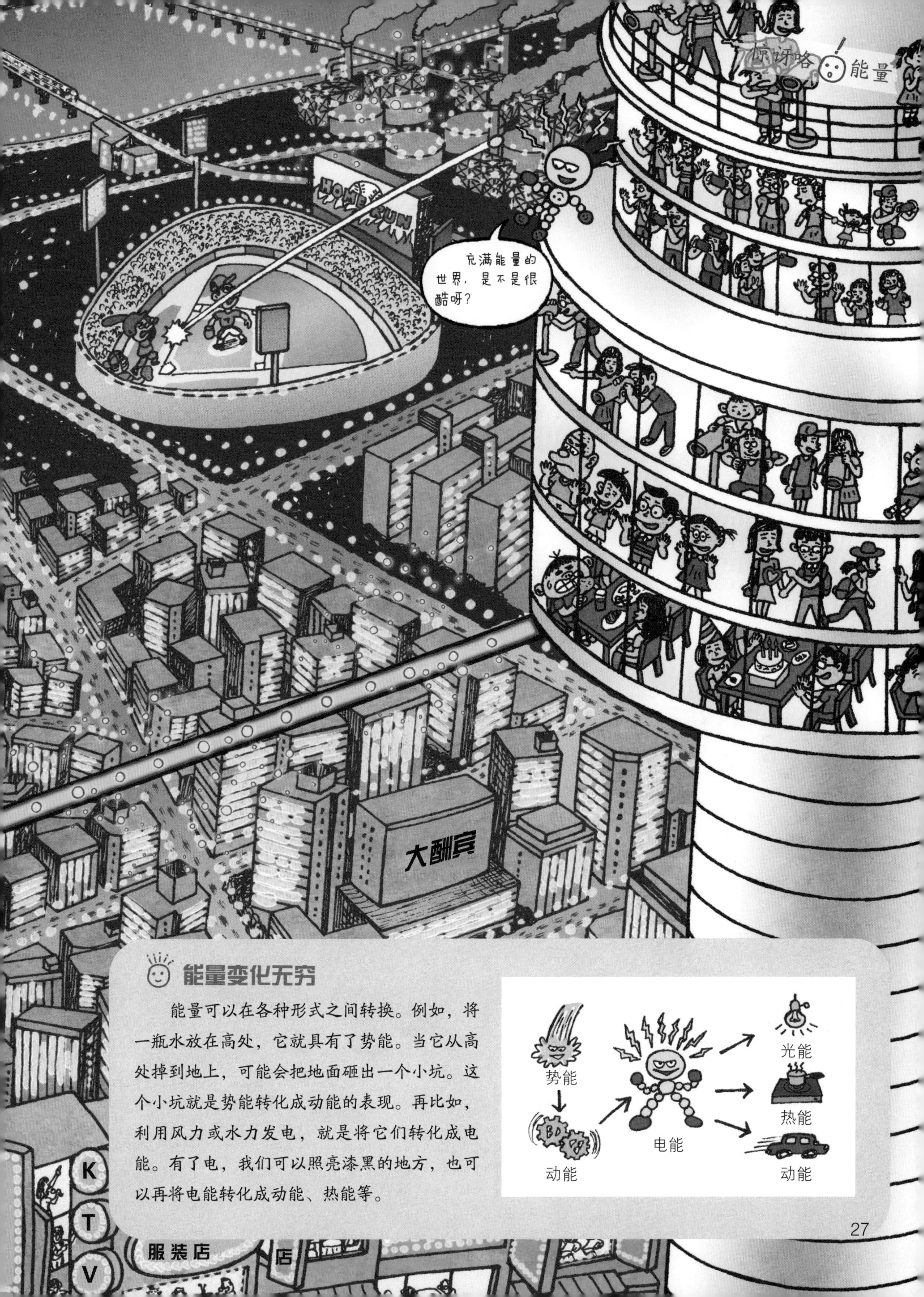

能量变化无穷

能量可以在各种形式之间转换。例如，将一瓶水放在高处，它就具有了势能。当它从高处掉到地上，可能会把地面砸出一个小坑。这个小坑就是势能转化成动能的表现。再比如，利用风力或水力发电，就是将它们转化成电能。有了电，我们可以照亮漆黑的地方，也可以再将电能转化成动能、热能等。

非再生能源不足

作为能源的石油、煤炭、天然气等都来源于地下。如果无休止地采掘，最终将会枯竭。现在地球所拥有的天然能源已经在逐渐减少了。

埋藏在陆地下的石油已经所剩不多了，人们开始开采深海石油。

据预测，目前地球上所剩的煤炭资源还够人类使用110~130年，而石油只够我们再使用约50年，铀元素大约够我们再用100年。

地球上的各种化石燃料资源逐渐告急。

100年前，在美国南部可以轻松采集到大量石油，但是现在，就算挖到很深的地方，也只能采集到一点点石油了。

危险的能源

砰！砰！

2011年3月11日，日本发生了严重的地震和海啸。

这次灾害导致日本福岛核电站遭到损坏，大量的放射性物质泄漏了出来。

核辐射会危害生命。这次事故不仅影响了日本，还影响了其他地区。

核电站在工作中会产生具有放射性的危险废弃物。根据危险的程度，需要将废弃物封存很多年。

1986年4月26日，切尔诺贝利核电站发生了爆炸。这次事故夺去了数以万计的生命，此外，还引发了癌症和胎儿畸形等各种疾病。

此外，用煤炭、石油、天然气等燃料做能源，会产生大量二氧化碳，向空气中释放有害物质，引发雾霾。二氧化碳加重了地球温室效应，而雾霾威胁着人类的健康。

清洁能源

阳光一直照射着地球。

太阳的能量大到无法想象。

太阳能不仅源源不断，而且不会污染空气。

人们开始重视像太阳能这样的清洁能源。

在未来，阳光、风、水、农作物、垃圾等都可能成为重要能量来源。

在大海中寻找能量。
利用潮汐的水流发电的潮汐发电站。
利用波浪的能量发电的波浪能发电站。
每年，人们利用的太阳能占地球所获太阳能总量的比例还不到万分之一。
把厨余垃圾收集起来放在封闭空间里，它会发酵并释放沼气。我们可以利用沼气来做饭、取暖或者发电。

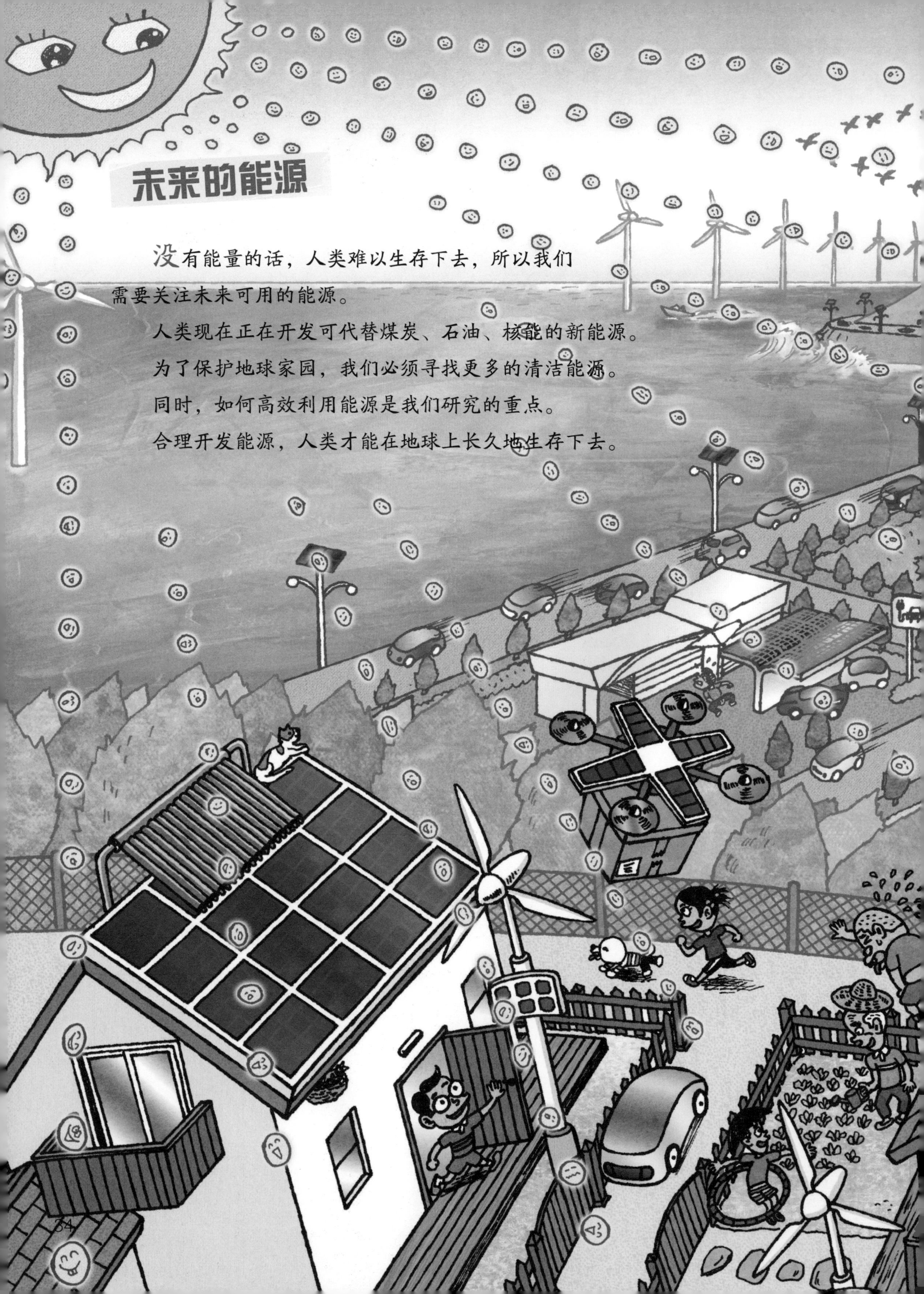

未来的能源

没有能量的话，人类难以生存下去，所以我们需要关注未来可用的能源。

人类现在正在开发可代替煤炭、石油、核能的新能源。

为了保护地球家园，我们必须寻找更多的清洁能源。

同时，如何高效利用能源是我们研究的重点。

合理开发能源，人类才能在地球上长久地生存下去。

粪便也可以成为能源吗？

粪便也可以成为能源。在德国，很多牧场利用家畜的粪便和厨余垃圾发酵产生的沼气来发电。丹麦也积极尝试了这个方法，从20世纪80年代后期开始，成功利用家畜的粪便制造出了电能。

我们在日常生活中一直使用着各种各样的能量。一起来看看能量的各种表现形式吧！

石油的能量在哪里？

我们乘坐的汽车、摩托车、飞机都是靠从石油里提炼出来的汽油、煤油来运行的。塑料玩具、柏油马路、塑料瓶、油漆等也都是以石油为原料制作的。除此以外，你还知道哪些呢？

藏在食物里的能量

我们吃的食物里也含有能量。食物的能量叫作“热量”，一般用千焦来计算。食物的能量可以帮助人们维持体温和生命。一碗米饭大约含500千焦的热量。

我该如何选电器？能效等级告诉你！

在冰箱和空调等电器上我们都能找到能效等级标识。能效等级最高为1级，最低为5级。人们可以根据能效等级来判断电器的耗能情况。使用能效等级高的电器，可以节约很多能量。

特别提示：以下实验最好在家长的陪同下进行。

用阳光生火：凸透镜来帮忙！

凸透镜是一种中间厚、边缘薄的透镜，它可以汇聚阳光。绝对不可以用眼睛直接透过凸透镜看太阳哦，一不小心就会烧伤眼睛。

用阳光做“烤箱”

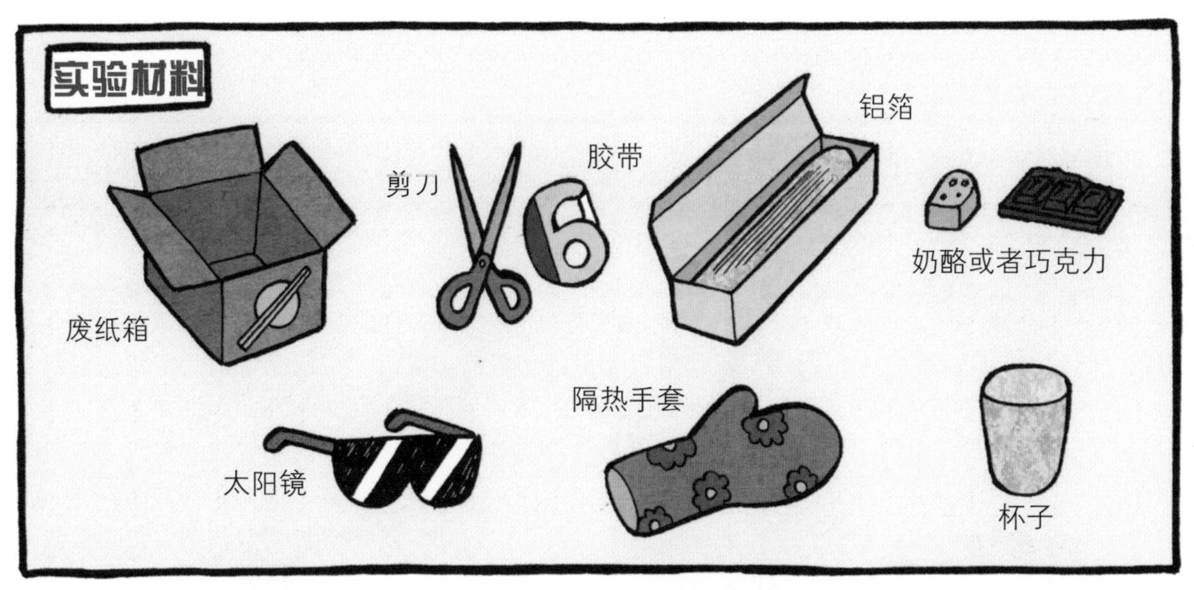

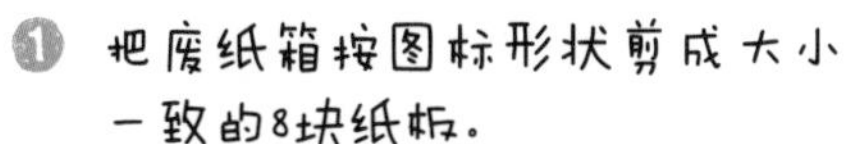
① 把废纸箱按图标形状剪成大小一致的8块纸板。

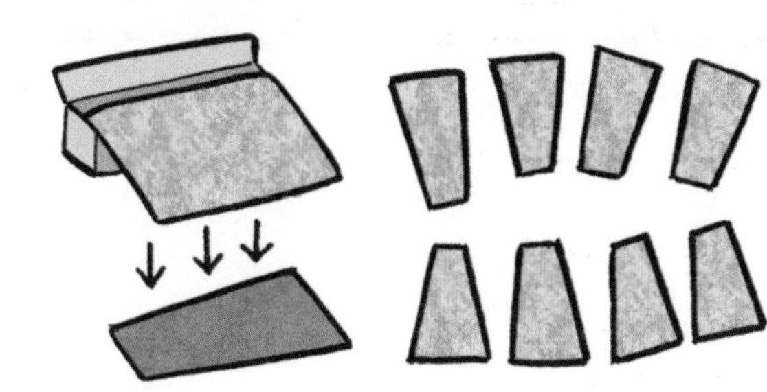

② 剪好后，在每块纸板表面贴上铝箔。

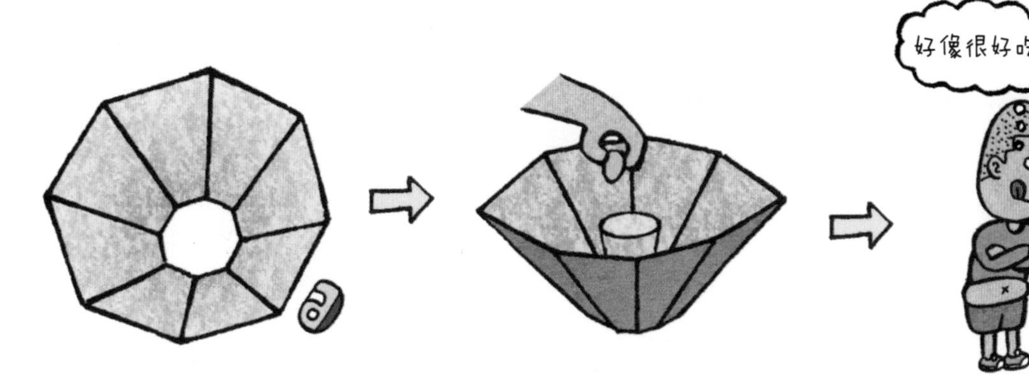

③ 如图所示，用胶带把纸板粘起来。

④ 把装有奶酪或者巧克力的杯子放在中间。

好像很好吃。

⑤ 在太阳下放置15分钟左右，观察奶酪或者巧克力的变化。

观察时需要戴好太阳镜，触摸时要戴好隔热手套，以免伤到眼睛和手。

地球上的能源正在一天天减少。一起来探寻节能之路吧！每个人都付出努力的话，地球会变得更加美丽。

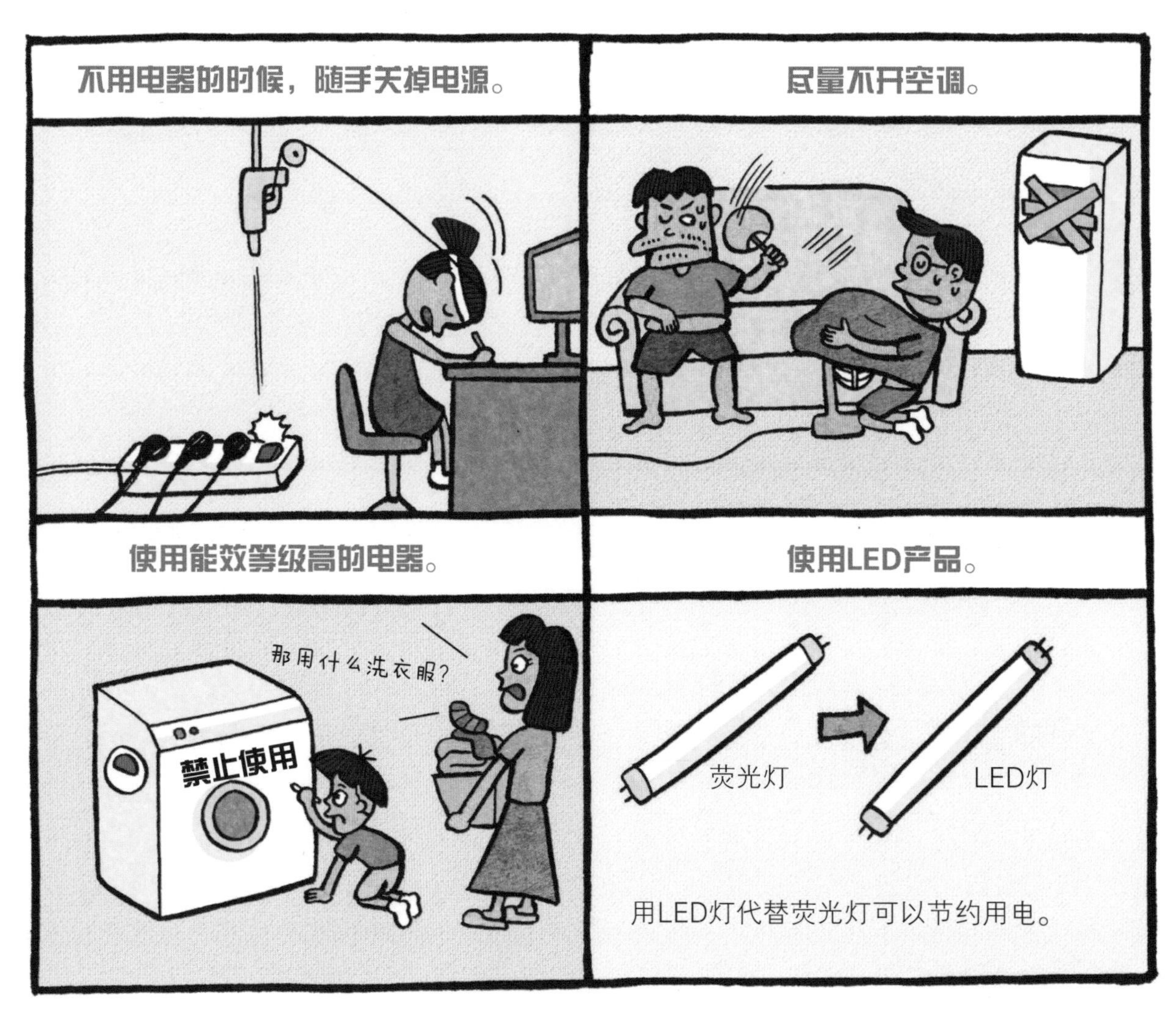

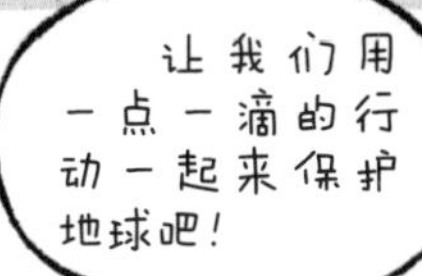
让我们用一点一滴的行动一起来保护地球吧！

多种树。
绿色植物可以净化空气。
不要来回开关冰箱。
节约用水。
妈妈，快点儿洗呀！
离开房间时随手关灯。

骑自行车

骑自行车不但环保，还能锻炼身体。
我也要做节能小战士！

作者说

很高兴能带大家一起认识能量。“能量”这个概念是不是很抽象？千变万化的能量实在让人琢磨不透，许多人都不太理解。

其实在我们的生活中，能量无处不在。就像我们人类需要空气一样，没有能量，我们将难以生存。所以，我们必须了解能量的秘密。

能量看不见，摸不着，能量到底在哪里呢？其实不仅食物中含有能量，风呀，水呀，万物都包含着能量。随着社会的进步，人类逐渐掌握了从树木、煤炭中获取能量的方法。地球上的能量大部分都来自于太阳。没有阳光的话，动植物都将无法生存，我们的世界会逐渐停止运行。科学家越来越关注太阳，并已经成功找到了利用太阳能发电的方法。

以前，发电使用的主要能源是煤炭、石油、天然气等化石燃料。这些化石燃料在燃烧的过程中会释放出很多有害物质，对地球环境造成严重破坏。而且，煤炭、石油、天然气等都是不可再生资源。一旦我们将这些耗尽，将会面临能源枯竭的难题。为此，人类开发了核电站，利用铀原子裂变的能量来发电。但是，核电站依然会对附近的环境造成污染，而且一旦发生核泄漏，将会危及数以万计的生命。所以，科学家一直在努力寻找像太阳能这样的清洁能源，不但取之不尽，而且不会污染地球环境。

希望在不久的将来，清洁能源的推广能够改善环境，拯救我们的地球家园。也希望这本书里的“能量”对你们有所帮助。

李必烈

图书在版编目（CIP）数据

神奇的自然学校. 能量哪里来/（韩）李必烈著；（韩）李敬锡绘；崔瑛译.—沈阳：辽宁科学技术出版社, 2021.3
ISBN 978-7-5591-1496-9

Ⅰ. ①神… Ⅱ. ①李… ②李… ③崔… Ⅲ. ①自然科学－儿童读物 ②能－儿童读物 Ⅳ. ①N49 ②O31-49

中国版本图书馆CIP数据核字（2020）第016446号

出版发行：辽宁科学技术出版社
（地址：沈阳市和平区十一纬路 25 号　邮编：110003）
印 刷 者：上海利丰雅高印刷有限公司
经 销 者：各地新华书店
幅面尺寸：230mm × 300mm
印　　张：5.5
字　　数：100 千字
出版时间：2021 年 3 月第 1 版
印刷时间：2021 年 3 月第 1 次印刷
责任编辑：姜　璐　许晓倩
封面设计：吴晔菲
版式设计：李　莹　吴晔菲
责任校对：韩欣桐

书　　号：ISBN 978-7-5591-1496-9
定　　价：32.00 元

投稿热线：024-23284062
邮购热线：024-23284502
E-mail：1187962917@126.com

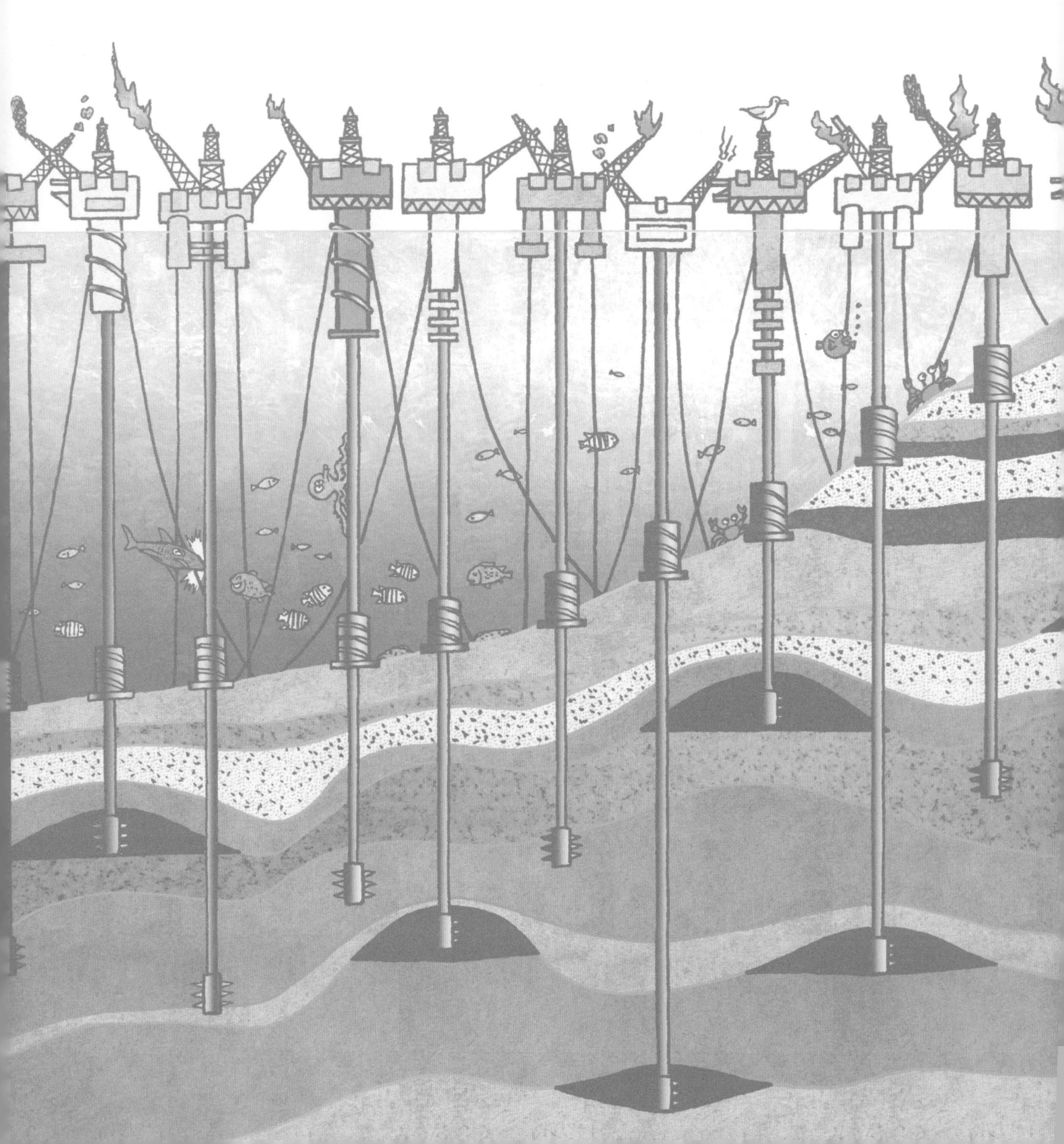